建築・土木を学ぼうとする人たちへ

　建築・土木には芸術から工学まで大変幅広い分野の知識・素養が必要で、学ぶ範囲も多岐にわたっています。本書は、これから建築・土木を学ぼうとする人のために、学校のカリキュラムと建築・土木の仕事・実務とが、どのように関係しているかを示すガイドブックです。

　学ぶ範囲が広いだけに、期待される業種の範囲も様々です。将来どういう仕事・実務を目指すのか、そのためにはどのような勉強が重要なのか、そうしたことを示す「ガイドブック」でもあります。

　カリキュラムのうち取り上げている科目名は、多くの学校で使用されている一般的な名称にしています。また科目内容の詳細を示す項目名は、市ヶ谷出版社発行の教材を元に示してあります。

　勉強を進める中で、この科目が何故必要なのか、この知識は何の役に立つのか、とわからなくなる場合が出てきます。そうした折にもこのガイドブックを開いて欲しいと思います。学ぶ意義を確認しながら勉強することで、その内容はより一層、身に付くものと思います。

　このガイドブックは小冊子ながら、今後さらに充実したものにしたいと考えております。採り入れて欲しい内容などがありましたら、是非お寄せ下さい。

市ヶ谷出版社

CONTENTS

1. 建築を学ぶには ・・・・・・・・・・・・・・・・・・・・・・02
    - 1-1 建築を学ぶには
    - 1-2 建築で必要とされる知識・技術
2. 家をつくるプロセスからわかる建築の学問 ・・・・・・・・・・04
    - 2-1 家づくりのはじめ
    - 2-2 家づくりの設計から工事まで
3. 建築生産のしくみ ・・・・・・・・・・・・・・・・・・・・10
    - 3-1 建築生産に関わる組織
    - 3-2 建築の維持保全
    - 3-3 建築現場監督
4. 土木を学ぶには ・・・・・・・・・・・・・・・・・・・・・12
    - 4-1 土木を学ぶには
    - 4-2 土木で必要とされる知識・技術
5. 道路をつくるプロセスからわかる土木の学問 ・・・・・・・・13
    - 5-1 道路整備のはじめ
    - 5-2 道路整備計画から維持保全まで
6. 建築・土木系学生の就職先 ・・・・・・・・・・・・・・・・16
    - 6-1 建築学生の就職先
    - 6-2 土木学生の就職先
7. 建築・土木系の資格 ・・・・・・・・・・・・・・・・・・・19
    - 7-1 建築系の資格試験の種類
    - 7-2 土木系の資格試験の種類
    - 7-3 建築士の試験
    - 7-4 2級(建築・土木・管工事)施工管理技士試験

1. 建築を学ぶには

1-1. 建築を学ぶには

　建築物をつくるには、関連するさまざまな知識や技術を統合化された形で発揮されなければならないため、幅広い知識・能力が必要となります。次頁に掲げた科目は、ひとつひとつは専門的で奥が深く、限られた時間の中では完全に理解し、習得することは困難です。まずは、そのための習得すべき知識や技術の重要度を把握することが必要です。

　しかし、学校で学ぶことは全体的に幅広く基礎的なことが多いので、どれもおろそかにしてはなりません。むしろ、興味を抱いた分野について、より深く追求することが大切です。

　まず，建物を見に行きましょう。

　そして、設計（デザイン）の分野を例にするなら、展覧会・講演会・オープンデスク・本（雑誌、専門書）などを通じ、多くのものを見たり、経験したり、この世界で活躍する人の話を聞いたりして、積極的に学ぶことが大切です。

根津美術館　設計：隈 研吾 (c) 藤塚光政

1-2. 建築で必要とされる知識・技術

建築の仕事をする場合には、さまざまな知識や技術が必要となり、それらを学ぶためには、体系化された科目の学習が必要となります。下記の表は建築を学ぶ上で必要な知識・技術とそれに対応する建築の科目と教材を表しています。

[設計のための知識・能力]

建築計画
(計画・造形・色彩・人間工学)

建築史
(日本・西洋・近代)

建築法規

建築製図

場所原論

[建築の基礎的な知識]

建築構造

建築構造力学

建築構造設計

建築構法
(建築一般構造)

建築材料

建築環境工学

建築設備

[施工のための知識]

建築施工

建築生産

建築積算・施工図
(企画中)

2. 家をつくるプロセスからわかる建築の学問

　建築の世界では「住宅に始まり、住宅に終わる」と言われます。
建築の中でも住宅は建築の基本的なことが網羅され、極めようとすればなかなか難しいということです。
　ここではこの「家づくり（住宅の建築）」を通して、設計から施工（工事）のプロセスを見ながら、学校などで学ぶ勉強（科目）が、どんなところで役立ち、また意味があるのかを探っていきます。

2-1. 家づくりのはじめ

　家づくりを始めるきっかけはさまざまです。現在の住まいが古くなったり、結婚や子供が生まれるなど家族構成の変化、あるいは転勤や結婚などで住む場所を変更などさまざまな要因から新たな住まいづくりが始まります。
　家づくりがスタートしたら、大まかに土地の大きさから建築できうる広さや必要な費用を想定し、資金繰りをします。
　費用のあてがつきそうなら、設計や施工（工事）を、誰に、あるいは、どこに頼むかを決めます。

＊ 建築の工事のことを**施工（せこう）**といいます。また、工事を行う会社を**施工会社**といいます。

＊ 建築の発注のしかたには、設計と施工をひとつの会社で行う場合と、設計と施工を別々で行う場合があります。

2-2. 家づくりの設計から工事まで

A　基本設計（家の間取りやデザインを決める）

基本設計とは、設計作業のうち依頼者と設計者との間でコミュニケーションを取るためのもので、建物の基本的な方向性を決める設計をいいます。

基本設計を行うには、おもに建築計画の知識が必要ですが、このあとの実施設計をスムーズに進めるためには、構造・設備・施工・法規・環境などの幅広い知識が必用となります。

①　与条件の把握（住み手からの要望・法規制の調査）

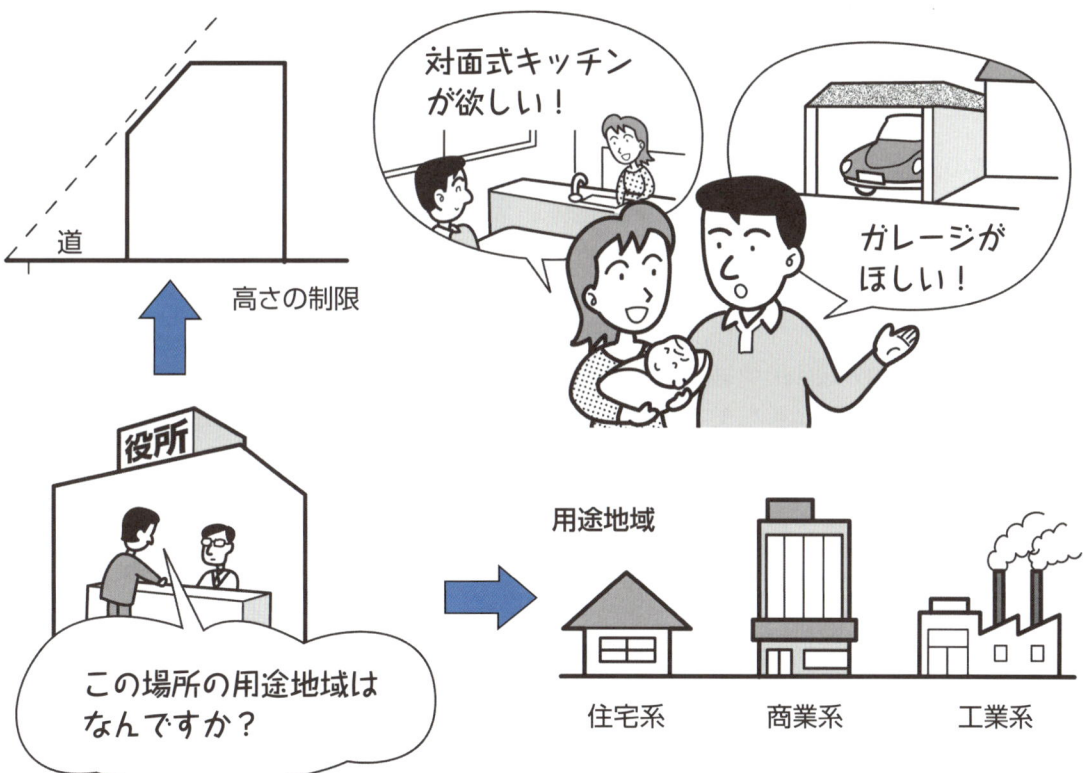

間取りを考える前に、その場所に適用される法規制（集団規定）などを調べなければなりません。また、住み手の条件や要望を調べたり、聞いたりしていきます。これが分からないと、建物の大きさ（広さと高さ）や部屋数や収納などが設定建築系の資格試験の種類出来ません。

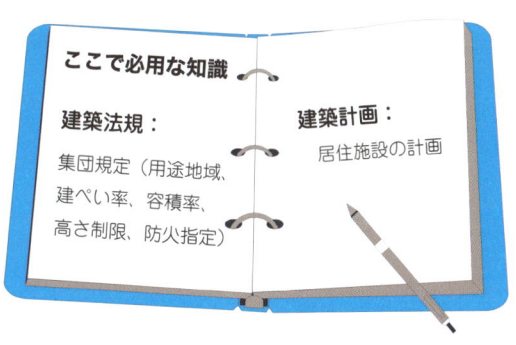

② 与条件をもとに平面計画・コスト計画・構造計画・内外観のデザイン

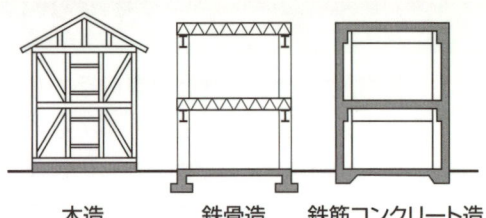

木造　　鉄骨造　　鉄筋コンクリート造

　法規制や家族の情報とともに予算も考えながら、間取りを考えます。アイデア段階ではフリーハンドのエスキスを行い、ある程度アイデアがまとまったら、図面を描きます。

　図面が出来たら、施主に説明し、内容の確認、さらに要望を聞き取り、計画を練り直し、満足の出来るものにまとめていきます。

　大まかに、平面計画がまとまったら、予算を念願に置きながら、構造や設備、さらには内外観の形や材料・色などを総合的に検討・調整を加えます。

予算オーバー?!

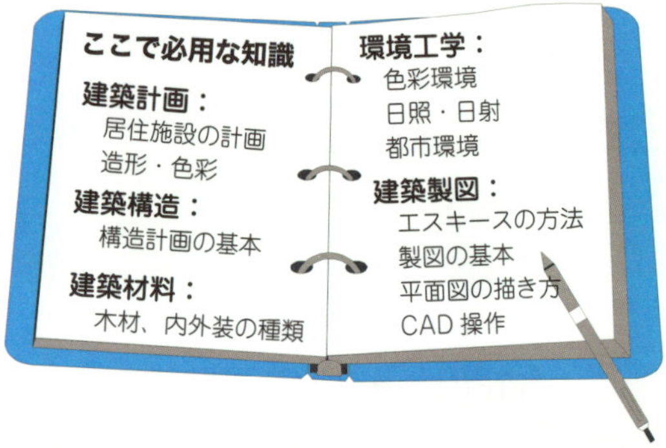

ここで必用な知識

建築計画：
　居住施設の計画
　造形・色彩
建築構造：
　構造計画の基本
建築材料：
　木材、内外装の種類

環境工学：
　色彩環境
　日照・日射
　都市環境
建築製図：
　エスキースの方法
　製図の基本
　平面図の描き方
　CAD操作

③ 基本設計のまとめ・確認

いいですねー

省資源・省エネに配慮しています

　総合的な検討を経て、平面計画に修正を加え、外観のデザインがわかるように模型やパース・CGをつくり、計画内容を施主に確認します。ここまでの作業は納得のいくまで繰り返されます。

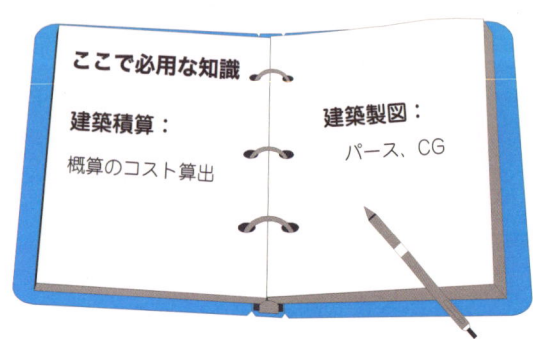

ここで必用な知識

建築積算：
　概算のコスト算出

建築製図：
　パース、CG

2. 家をつくるプロセスからわかる建築の学問

B　実施設計

　実施設計では、おもに工事を行うのに必要な詳しい図面を作成したり、法律上の手続きを行うのに必用な図面の作成を行います。
　実施設計を行うのには、製図・CADの技術をはじめ、構造、設備、施工など基本設計に比べより深い知識が必要になります。

④　設備・構造の検討・役所への届出

　建築関連の法規については、基本設計の段階でも検討しますが、ここではより具体的に詳しく検討します。また、室内環境についても、明るさ、暑さ・寒さなど快適に過ごせるか、開口部の仕様や断熱性能などを検討します。

　基本設計で行った構造や設備の検討をより具体的に計算などを行い、部材や機器などの寸法・配置を決めていきます。
　細部の検討が行われ、工事が進められる図面として設計図をまとめ、依頼主に確認をします。この、あるいはもう少し前の段階で、法的な手続き（確認申請）を行政・確認検査機関に提出します。

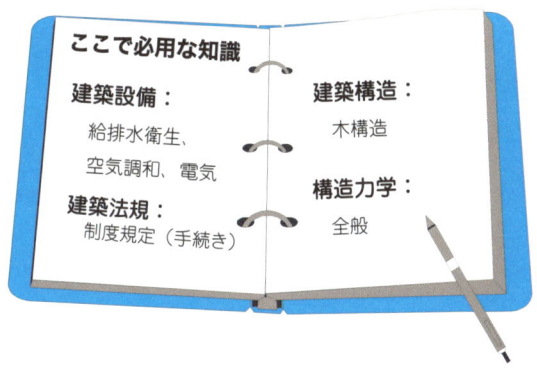

ここで必用な知識

建築設備：
　給排水衛生、
　空気調和、電気

建築法規：
　制度規定（手続き）

建築構造：
　木構造

構造力学：
　全般

C　施工者（工事会社）の選定

設計が終わったら、工事を請け負う施工者を決めます。

⑤　積算と見積りから契約

実施設計図は施工者（あるいは施工候補者）に渡し、設計図に基づいた積算が行われます。見積書の提示があったらそれを検討し、施工者が決定されます。

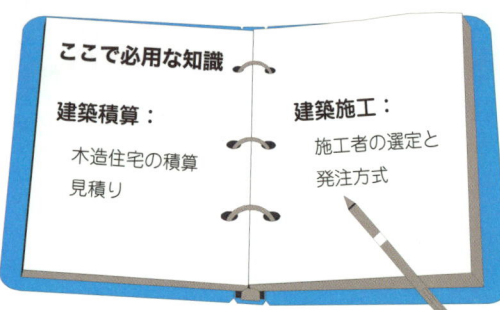

ここで必用な知識

建築積算：
木造住宅の積算見積り

建築施工：
施工者の選定と発注方式

* 施工者の選定方法には、最初から特定の会社に指名する「特命」、いくつかの候補を選びその中から、「入札」や「相見積り」と呼ばれる見積金額で決める方式があります。

施主・設計者・施工者の関係

工事における施主（建築の依頼主）、設計者、施工者（工事会社）の三者の中で設計者の立場は、施主と施工者の間に入り、施主代理者として両者の橋渡しをするのが設計者となります。

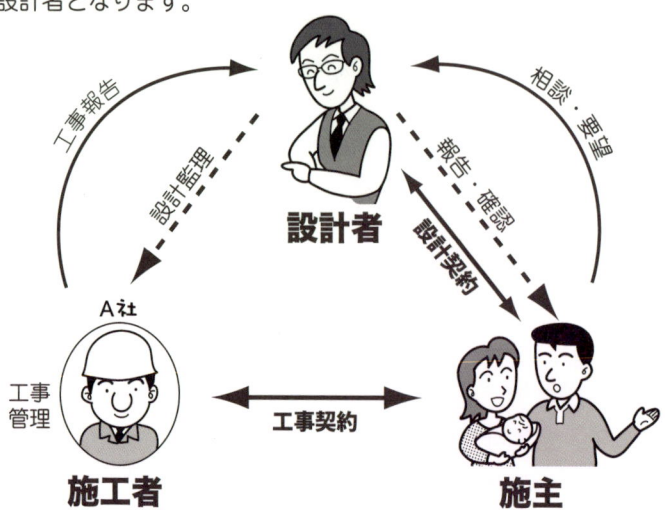

2. 家をつくるプロセスからわかる建築の学問

D 施工（図面に基づいて工事を行う）

設計図ができ、施工者が決まったら工事が開始されます。

⑥ 準備〜躯体工事〜設備工事〜仕上工事〜外構工事

　着工時の祭典には、住宅では、工事中の安全を祈って地鎮祭が行われます。
　準備としては、工程表を作成したり、仮設トイレなどの設置が行われます。
準備が整ったら、地面に近い所（あるいは地中）から工事を始めます。工事の手順は①躯体、②外部の建具および仕上、③内部の仕上および建具、④設備機器の取付けと進みます。躯体は、地面に近い基礎から始まり、上部の構造体へと進みます。
　躯体（骨組み）が出来上がったら、屋根をふき、外部の建具を取付け、内装、内部の建具へと進みます。基本的には、内部の工事をするのに雨が入っては困りますから、外部の工事が先になります。

⑦ 検査と引渡し

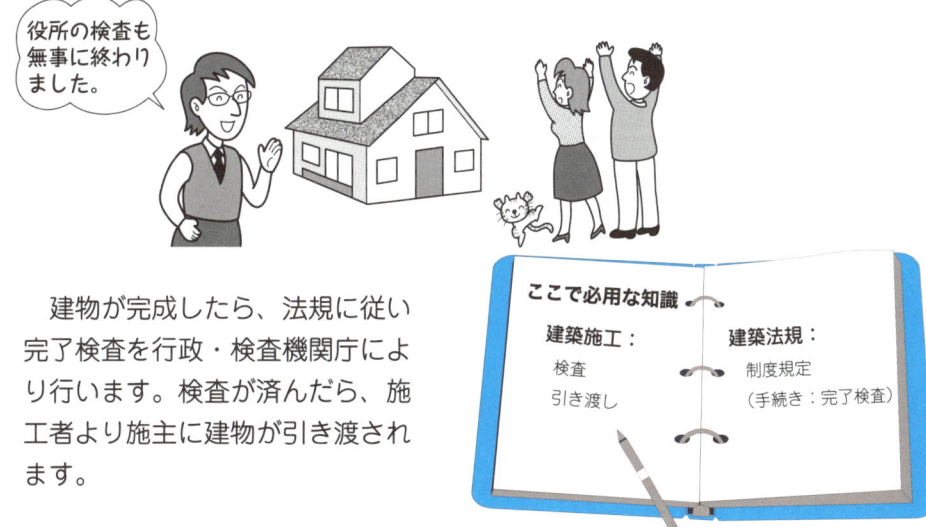

　建物が完成したら、法規に従い完了検査を行政・検査機関庁により行います。検査が済んだら、施工者より施主に建物が引き渡されます。

ここで必用な知識

建築施工：
　検査
　引き渡し

建築法規：
　制度規定
　（手続き：完了検査）

3. 建築生産のしくみ

3-1. 建築生産に関わる組織

A 建築主
建築を企画し、発注する者です。官公庁・民間事業者・個人などがこれにあたります。建物の一生の最初から最後まで係わります。

B 設計監理者
建築主から依頼を受けて、設計図・仕様書などを作成し、監理を行います。本来であれば、建築主同様、建築の一生の最初から最後まで係わりますが、その係わり方は様々です。

C 元請施工会社（ゼネコン）
工事を一括して請け負って施工の管理に当たります。必要な材料の調達・専門工事会社への発注・建設機械の調達などを行い、工程・品質・安全・予算の管理を担当します。建築主同様、建物の一生の最初から最後まで係わることもあります。

D 専門工事会社（サブコン）
元請施工会社から、工事の一部を請け負って工事を進めます。設備工事・機械設置工事・サッシメーカーなども含まれます。場合によっては元請会社よりも会社規模が大きいこともあります。大工・とび工・土工・左官工・鉄筋工など労務中心の工事業者も含まれます。（下表参照）

E 機械リース
工事現場で使用する機械は、元請施工会社が保有している場合がありますが、多くはリース会社が保有している機械を元請施工会社にリースすることが一般的です。

建設工事の種類

元請施工会社（ゼネコン）		専門工事会社（サブコン）					
土木一式工事 建築一式工事	1	大工工事	10	鉄筋工事	19	熱絶縁工事
	2	左官工事	11	舗装工事	20	電気通信工事
	3	鳶・土木・コンクリート工事	12	しゅんせつ工事	21	造園工事
	4	石工事	13	板金工事	22	さく井工事
	5	屋根工事	14	ガラス工事	23	建具工事
	6	電気工事	15	塗装工事	24	水道施設工事
	7	管工事	16	防水工事	25	消防施設工事
	8	タイル・煉瓦・ブロック工事	17	内装仕上工事	26	清掃施設工事
	9	鋼構造物工事	18	機械器具設置工事		

建設業許可の28業種
建設工事の種類は、建設業法上で、2つの一式工事と26種類の専門工事に応じた建設業の業種ごとに許可を受けることとされています。

3-2. 建築の維持保全

　基本的には建物の所有者が建物の維持保全を行います。自社ビルなら内部組織に保全担当を設けて日常的なビル管理を行います。不動産会社が所有する賃貸ビルも同様です。

　建物の維持保全をすることにより、イニシャルコスト（建設費等の初期投資額）とランニングコスト（維持管理費等）を合算したライフサイクルコストの軽減が図れます。

　限られた資源を有効に活用するために、「スクラップ・アンド・ビルド」から既存建物を長持ちさせる「ストック重視」に移行しています。

3-3. 建築現場監督

　建築現場において、設計図をもとに建築物を造るために、品質・工程・安全を管理するのが建築現場監督の仕事です。もちろん、コストの管理も含まれるし、近年、環境マネジメントも行うようになってきています。野球にたとえれば、「監督」と「ゼネラルマネージャー（GM）」を兼ねるようなとても重要な仕事と言えます。

　学校で学ぶような建築の一般知識はもとより、学校では教わらない施工図（設計図をもとに現場で作成する図面）や製作図（鉄骨やサッシ等の製作会社が作成する図面）等に関する知識も必要となってきます。さらに、顧客・官庁・設計事務所・専門工事会社・職人（大工・とび等）といった様々な階層の人たちと係るため、幅広いコミュニケーション能力も必要です。

　建築物は、いずれも単品生産であり、現場ごとに創意工夫をこらす必要があり、スケールが最大級のクリエイティブな仕事とも言え、完成した時の感動も最大級です。

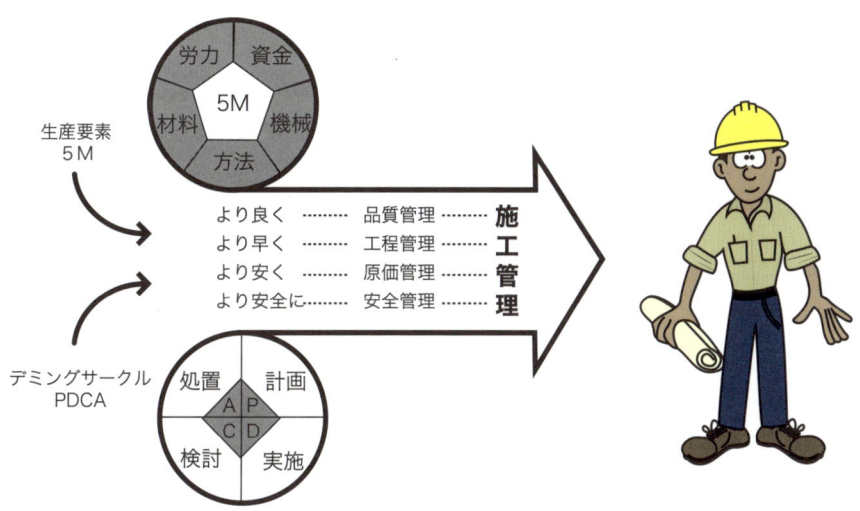

4. 土木を学ぶには

4-1. 土木を学ぶには

　土木の仕事は、私たちの生活を支える基礎となっている社会資本（Infrastructure）といわれる施設を整備することです。
　このような基盤施設には
道路、鉄道、空港、港湾などの「交通の基盤施設」、
上下水道、公園、電気、電話、ガスなどの「市民生活の基盤施設」、
河川、砂防、海岸などの「国土保全の基盤施設」があります。

4-2. 土木で必要とされる知識・技術

　それぞれの分野で必要な土木に関する科目には次のようなものがあります。
　学校での授業のほか、周囲で行われている工事、講演会、専門の雑誌などを利用して幅広く土木の情報にふれ、興味を持った分野についてより深く追求していく姿勢が大切です。

基本的知識

測量学・土質工学・水理学・土木材料・土木法規など

調査・計画立案	設 計	施 工	維持管理・保全
測量学、都市計画学、環境学、交通工学、衛生工学、橋梁工学、生態学、土木法規など	構造力学、材料学、鉄筋コンクリート工学、橋梁工学、水理学、製図、積算、土木施工学、造園学、河海工学など	測量学、土木施工学、工事管理、材料力学、鉄筋コンクリート工学、構造力学、製図、積算、ＩＳＯなど	測量・ＩＳＯ、コンクリート工学、土質工学、材料工学、橋梁工学、交通工学・土木法規など

吊り橋　レインボーブリッジ東京港

5. 道路をつくるプロセスからわかる土木の学問

　私たちの最も身近な基盤施設の一つである道路について、建設・設備のプロセスを見ながら、学校で学ぶ勉強（科目）がどんなところで役立ち、意味があるのかを探っていきます。

5-1. 道路整備のはじめ

　全国に高速道路網をつくる、メインストリートの歩行者空間を広げ、シンボルロード化するなど、国土や地域全体にかかわる重要な道路の建設・整備は、はじめに方針や構想がたてられます。構想では、整備することによる便益を検討し、ルート、施設の規模、整備費用、整備の期間などの概略が示されます。

　交差点の改良、一部の区間だけ歩道を広げるなどのような小規模な道路整備や短期間で行う建設などは、実施のための計画をつくり、設計を行い施工する場合もあります。

　道路は、すべての人に等しく利用される国民共通の資産です。このため、整備は、国や地方自治体が事業者である公共事業として税金などにより行われます。

　実際の作業は、事業者が、調査、計画、設計、施工など、それぞれの内容に応じて、専門の会社などへ発注し行われます。作業は事業者と受注者が協議しながら進められます。

都市の公園

5-2. 道路整備計画から維持管理・保全まで

A　計画策定

方針や構想に基づき、実際に道路整備のための基本計画、実施計画がつくられます。計画をつくるために、事前に交通量の現状と将来予測、建設予定地域の地形、地質、環境などについて測量や現地調査、既存の資料調査などが行われ、情報・資料が集められます。

①　基本計画

基本計画は、地域など大きな範囲ごとに、または道路全体について、ルートの選定、道路の規模・規格、橋梁やトンネルなどの構造物などについて検討します。

また、環境への影響、安全性、耐久性、ライフサイクルコストを含む整備費用、整備期間、施設の構造形式などについても、複数案を比較検討し、基本形を策定します。

環境アセスメントのための資料作成や手続きも進められます。

②　実施計画

実施計画は、実際に建設する路線について、工事範囲や工事区間ごと、施設別などに、構造の詳細、建設費、建設期間、供用開始時期、維持管理方法などを細かく計画します。

ここで必要な知識
① 土木法規
② 測量学
③ 土質工学
④ 交通工学・都市計画・橋梁工学

B 設計

① 基本設計

　建設する地域の地形、地質、景観、環境などに適合し、安全性、施工性、経済性などにすぐれた最適な道路の縦断・横断形状、基本構造、概算工事費などを複数の案を比較設計しながら決めます。

　道路本体のほか、橋梁、トンネルなどの構造物についても、それぞれ基本設計を行います。

② 実施設計

　道路工事を発注・契約するための設計です。道路本体、橋梁、トンネルなどの構造物、付帯施設、設備などについて、耐震計算、安全性の検討を行い、施工法なども考慮します。

　次に、断面形状、部材等の形状・寸法を決定し、詳細な設計図面の作成、数量の算出、工期、工事費の算出などを行います。工事実施（発注）の範囲ごとに設計書を作成します。

ここで必要な知識
①土質工学・構造力学・材料学・コンクリート工学
②交通工学・橋梁工学・河海工学・衛生工学・都市計画・VE
③環境工学・造園学
④測量・製図　⑤積算　⑥土木施工学

C　施工

設計図書にもとづき、施工会社が、道路を建設します。概略の手順は以下のようになります。

①　測量

建設予定地において道路位置決定のための測量をします。測量は基準点測量から路線の中心設置、縦断、横断面などを現地にマークしていきます。

②　調査

ボーリングなどにより、現場の地盤条件の確認、工事に伴う環境影響対策のため、工事の影響範囲について環境調査などを行います。

地元住民への工事説明会なども行います。

③　施工計画の作成

施工体制、工事方法、工事工程、使用機械、環境対策、仮設方法、品質管理、安全管理などについて施工計画書を作成し、発注者の承認を受けます。

④　実施計画の作成

設計図に基づき、現場の状況をより詳細にふまえた、付帯構造物なども入れた施工用の図面を作成します。盛土・切土量、使用材料の数量計算なども詳細に行います。

最も効率的な施工機械の選定、下請けを含む施工体制の組合せ、使用材料、資材の調達などの計画を作成します。

⑤　施工

道路本体は路床、路盤、舗装から構成されます。現地の地盤の上に建設する部分は盛土、下になる部分は切土作業を行います。

路床および路盤は設計図書に示されている基準に合格するよう十分に締固めを行います。路盤の上にアスファルトコンクリートなどで舗装を行い、排水施設、標識、センターラインなど付帯構造物を施工します。

5. 道をつくるプロセスからわかる土木の学問

⑥ 施工管理

　土木工事は多くの専門業者による下請けにより施工されます。それぞれの作業が、設計図書に求められている品質で、予定どおり進捗していくよう、日常の点検、報告、巡回、検査などで管理します。

　無事故で契約工期内に完成することがもっとも重要です。

　工事が完了すると、発注者による竣工検査をうけ、道路を引き渡します。

ここで必要な知識
- ①測量学
- ②土木施工学・建設機械工学
- ③土質工学・コンクリート工学・材料工学・建設機械工学
- ④工事管理・ＩＳＯ・積算

D　維持管理

　建設された道路は、半永久的に有効活用していかなければなりません。劣化や欠陥等を放置すると大きな事故や大規模な工事が必要になります。

　一般的に道路の維持管理は、見回りによる日常の点検が基本です。

　点検により、損傷等が発見された場合は、速やかに専門業者による補修、修繕等などを行い回復させます。

　地震、大雪、大雨などの後も見回り巡回などで点検します。また、橋梁やトンネルなどの構造物は定期的に専門業者による劣化調査、保全対策を行います。

　現状の道路を透水性舗装にする、騒音対策を行うなどの機能改善も維持管理の分野です。

橋梁の点検・補修

6. 建築・土木系学生の就職先

6-1. 建築学生の就職先

建築系の大学や専門学校を卒業した後、誰もが建築家になるわけではありません。むしろ、誰もが知っているような有名建築家になるのは、才能と運に恵まれたごく少数の人です。

それでは、ほとんどの人が進む建築家以外の進路にはどのようなものがあるのでしょうか？ここでは代表的な３６の職種を紹介します。この他にも政治家という選択肢もあります。「政治家は、究極の建築家だ」という説もあるくらいですから。さて、皆さんはどの職種を目指しますか？

設計に係わる職種　　　　①主な就職先　②必要な資質

- 建築家：①アトリエ系設計事務所等　②デザイン能力、有力なコネ等
- 建築士：①ゼネコン、組織設計事務所　②デザイン能力、バランス感覚等
- 構造設計者：①ゼネコン、組織設計事務所　②力学のセンス、判断力等
- 設備設計者：
    ①ゼネコン、組織設計事務所　②設備技術に対する知識、デザインへの理解力
- ランドスケープデザイナー：
    ①ゼネコン、アトリエ系設計事務所、組織設計事務所　②造形力、デザイン力等
- 照明デザイナー：
    ①照明デザイン事務所、照明器具メーカー等　②照明技術に対する理解力等
- 音響設計者：
    ①音響設計コンサルタント会社、音響メーカー　②音響技術に対する理解力等
- 内装設計者：①内装設計事務所、内装施工会社等　②デザイン能力等
- インテリアデザイナー：
    ①インテリアデザイン事務所等　②デザイン能力等
- キッチンデザイナー：
    ①キッチンメーカー、インテリアデザイン事務所等
    ②新しい機器情報を取り入れる知識欲
- 保存・修復建築家：①文化庁、地方自治体等　②研究意欲、デザイン能力等

6. 建築・土木系学生の就職先

サポートする職種

- 都市計画家：①国土交通省、地方自治体、ゼネコン、不動産会社等
  ②都市計画に関する興味、調整能力等
- 不動産ディベロッパー：
  ①不動産会社等　②新しい発想、行動力等
- 不動産投資運用者：
  ①不動産会社、銀行、保険会社等
  ②建築・金融・経済等の幅広い知識等
- ファシリティマネージャー：
  ①不動産管理会社等　②不動産、建築、インテリア、設備、経営等の幅広い知識等
- イベント、空間プロデューサー：
  ①広告会社等　②幅広い知識、総合判断力
- 福祉住環境コーディネーター：
  ①老人福祉施設、設計事務所等
  ②幅広い知識、総合判断力等

企画に係わる職種

- 研究者：①大学、行政関係の研究所等
  ②旺盛な研究心等
- 教員：①工業高校等
  ②教育に関する向上心等
- 学芸員：①博物館、美術館等
  ②探究心、忍耐力
- 評論家：①特になし　②文章力
- 新聞記者：
  ①新聞社等　②文章力、忍耐力等
- 編集者：①出版施工管理技士試験土木系の資格試験の種類社等　②発想力、忍耐力等

施工に係わる職種

- 建築現場監督：
  ①ゼネコン、ハウスメーカー等
  ②総合判断力
- 大工：
  ①工務店等
  ②大工技術に関する探究心・向上心
- 造園職人：
  ①造園会社
  ②デザイン能力、造園に関する知識を持っている等
- 家具職人：
  ①家具メーカー、アトリエ系の工房
  ②デザイン能力等

研究・教育・文化に係わる職種

- CADオペレーター：
  ①ゼネコン、設計事務所等
  ②繊細さ、真面目さ、几帳面さ等
- CG製作者：
  ①設計事務所、広告代理店等
  ②忍耐力、耐力等
- ソフトウェア開発者：
  ①ソフトウェア会社等　②語学力、忍耐力等
- 積算・見積：①ゼネコン、設計事務所
  ②責任感、緻密さ等
- 地盤調査員：①地盤調査会社等　②向学心等
- 建築模型制作者：
  ①模型製作会社等　②几帳面さ、センス等
- 建築写真家：
  ①建築専門出版社等　②技術力、忍耐力等
- 建築確認検査員：
  ①確認検査機関　②実務経験等
- 測量士：
  ①測量会社等　②専門知識、実務経験等

6-2. 土木学生の就職先

　社会資本である道路などの基盤施設は、国民すべてに利用されるものですので、それにかかわる仕事は多種多様です。
　ここでは、土木系の学校を卒業した人の専門性を活かした就職先について紹介します。なお、これらの業務を重複して、またはすべて行う会社も多くあります。

施工にかかわる仕事

総合建設会社（ゼネコン）、土木施工会社、工務店、専門業種の施工会社、建設機械のリース・レンタル会社、仮設資材のリース・レンタル会社、ディベロッパー、資材メーカー

調査にかかわる仕事

測量・コンサルタント会社、
地質調査会社、環境調査会社、
設計コンサルタント会社、
ディベロッパー、総合建設会社、
土木施工会社

設計にかかわる仕事

測量・コンサルタント会社、
地質調査会社、環境調査会社、
設計コンサルタント会社、
ディベロッパー、総合建設会社、
土木施工会社

計画にかかわる仕事

国土交通省、地方自治体、
ディベロッパー、総合建設会社、
総合コンサルタント、
資材・材料・部品等のメーカー

研究・教育にかかわる仕事

工業高校等の教員、
大学・行政関係の研究所、
総合建設会社の研究開発部門、
メーカーの研究開発部門

維持管理にかかわる仕事

地方公共団体、構造物の調査会社、建設コンサルタント、メインテナンス会社、総合建設会社、工務店、資材・材料・部品等のメーカーおよび販売会社

7. 建築・土木系の資格

7-1. 建築系の資格試験の種類

　　　　　　　　　　　　　　　　　　　　　　　　　　　　　■ は国家資格を示す

資格名		概要	試験日
建築士 （建築技術教育普及センター）	1級	1級建築士の名称を用いて設計・監理の業務を行うことができる（国土交通大臣の免許）	学科：7月下旬 製図：10月中旬
	2級	2級建築士の名称を用いて設計・監理の業務を行うことができる（都道府県知事の免許）	学科：7月上旬 製図：9月下旬
	木造	木造建築士の名称を用いて木造建物の設計・監理の業務を行うことができる（都道府県知事の免許）	学科：7月上旬 製図：9月下旬
建築施工管理技士 （建設業振興基金）	1級	一般建設業・特定建設業の許可基準の専任技術者、主任技術者及び管理技術者の有資格者として認められる。	学科：6月中旬 実地：10月中旬
	2級	一般建設業・特定建設業の許可基準の専任技術者、主任技術者及び管理技術者の有資格者として認められる。	学科：11月中旬 実地：11月中旬
建築積算士 （日本建築積算境界）		建築積算業務に携わる者を対象とした資格	学科：10月下旬 実地：1月中旬
管工事施工管理技士 （全国建設研修センター）	1級	管工事において、施工計画を作成し、工程管理、品質管理、安全管理等の業務を行う 1級は、建設業法による主任技術者、監理技術者になれる。	学科：9月上旬 実地：12月上旬
	2級		11月下旬 （学科・実地同一日）
設備士 （空気調和・衛生工学会）		空気調和・給排水衛生設備に係る者の技術・知識の習得度を判定する試験。	11月下旬
建築設備士 （建築技術教育普及センター）		建築設備全般に関する知識及び技能を有し、建築士に対して、適切なアドバイスを行える資格者。	学科：6月下旬 製図：8月下旬
建築CAD検定 （全国建築CAD連盟）	1～4級	建築設計や現場業務で必須の、建築用図面を「CAD」で作成する技能を評価l認定する。	4月、10月
CAD利用技術者試験 （コンピューターソフトウエア協会）		CADを利用した知識・スキルを明確化し、一定水準に達している受験者に対して評価・認定を行うもの。（基礎試験，2級，1級がある。）	4月、7月、10月、1月
インテリア設計士 （日本インテリア設計士協会）	1/2級	「インテリア」に関するあらゆる面（計画・設計・施工製作・監理）において高度な知識・技術・技能を持つ専門家。	7月中旬
インテリアコーディネーター （インテリア産業協会）		住まいのインテリア計画の作成、インテリア商品選択のアドバイス等の業務を行う。	一次：10月上旬 二次：12月上旬
インテリアプランナー （建築技術教育普及センター）		オフィス、公共施設、店舗、住宅等幅広い分野を対象に、インテリアの企画、設計、工事監理等の業務を行う。	11月下旬 （学科・製図同一日）
キッチンスペシャリスト （インテリア産業協会）		キッチン空間の構成・使用・維持等に関する専門知識を総合的に提供する。	12月下旬
福祉住環境コーディネーター （福祉住環境コーディネーター協会）	1級	高齢者や障害者に対して住みやすい住環境を提案するアドバイザー。また、福祉用具や諸施策情報などについてもアドバイスする。	一次：9月上旬 二次：11月下旬
	2/3級		2/3級：7月上旬 11月下旬の2回
商業施設士 （商業施設技術者・団体連合会）		商業施設の、運営管理システムや店舗の構成・デザインなどを総合的に計画し、監理まで行なう専門家	一次：10月中旬 二次：1月下旬

7-2. 土木系の資格試験の種類

　　　　　　　　　　　　　　　　　　　　　　　　　　　　　　　　　　　は国家資格を示す

資格名		概要	試験日
土木施工管理技士 （全国建設研修センター）	1級	施工管理技士国家試験の1つ。 土木工事において施工計画を作成し、現場における工程管理、安全管理などの工事施工に必要な技術上の管理を行う。 施工管理技士として、1級は特定建設業および一般建設業の許可要件である営業所ごとにおかなければならない「主任技術者」又は「監理技術者」となるために必要な資格である。 2級は一般建設業における同上の資格である。	学科： 7月上旬 実施：10月上旬
	2級		学科・実地同一日 10月下旬
管工事施工管理技士 （全国建設研修センター）	1級	施工管理技士国家試験の1つ。 管工事において施工計画を作成し、工程管理、安全管理等の業務を行う。 専任技術者、監理技術者、主任技術者については土木施工管理技術士と同じ。	学科： 9月上旬 実施：12月上旬
	2級		学科・実地同一日 11月中旬
造園施工管理技士 （全国建設研修センター）	1級	施工管理技士国家試験の1つ。 公園や緑地、遊園地などの造園工事の施工計画を作成し、現場の工程管理、品質監理、安全管理を行う。 専任技術者、監理技術者、主任技術者については土木施工管理技術士と同じ。	学科： 9月上旬 実地：12月上旬
	2級		学科・実地同一日 11月中旬
建設機械施工技士 （日本建設機械化協会）	1級	施工管理技士国家試験の1つ。 1級は各種建設機械を用いた施工における指導・監督者。 2級はさらに第1種から第6種までに分類され、それぞれの機械を用いた施工において、運転・施工の業務に携わる。	6月中旬
	2級		
測量士 測量士補 （国土交通省国土地理院）		測量業者として測量を行う場合に義務付けられている。 国家資格。測量士は、量に関する計画作製を行う事ができる。 測量士補は、測量業者の作製した計画に従って測量に従事する。	5月中旬
土地家屋調査士 （法務省法務局）		土地や建物の状況などを調査、測量して図面作成や不動産の登記の申請手続きなどを行う。	8月下旬
宅地建物取引主任者 （不動産適正取引推進機構）		宅地又は建物の売買や貸借の契約にあたって重要事項の説明等を行う。宅地建物取引業者は専任の宅地建物取引主任をおかなくてはならない。	10月下旬
技術士 技術士補（建設部門） （日本技術士会）		科学技術に関する高等の専門的応用の応力を必要とする事項についての計画、研究、設計、分析、試験又はこれらに関する指導等についてコンサルタント業務を行うことができる。 技術士補は、技術士の業務について技術士の補助をする。	1次試験： 10月上旬
ビオトープ管理士 （日本生態系協会）		計画管理士と施工管理士があり、それぞれ1級、2級がある。人と自然が共存した美しいまちづくり・くにづくりを実施する。	筆記： 9月下旬 口述：12月上旬
VEリーダー認定試験 （日本バリュー・エンジニアリング協会）		組織においてVEの計画作成や実施を指導する。	随時

7-3. 建築士試験

A 建築士の受験に必要な科目

建築士の受験には、学校で必要な科目を一定時間以上履修しなければなりません。下記に掲げるものは建築士法により定められている受験に必要な科目です。

建築普及センターによる（http://www.jaeic.jp）

指定科目	必要単位								
	一級建築士			二級建築士			木造建築士		
①建築設計製図	7			5			5		
②建築計画	7			7			7		
③建築環境工学	2								
④建築設備	2								
⑤構造力学	4			6			6		
⑥建築一般構造	3								
⑦建築材料	2								
⑧建築生産	2			1			1		
⑨建築法規	1			1			1		
⑩その他	適宜			適宜			適宜		
①～⑩の合計単位数	60	50	40	40	30	20	40	30	20
必要な実務経験年数	2年	3年	4年	0年	1年	2年	0年	1年	2年

※専門学校の場合で一級建築士を受験するは、「合計単位数 40＋実務経験 4 年」の組み合わせのみ

受験資格は、上の科目を履修した単位（時間）と卒業後の実務年数との組み合わせで一定の条件を満たしたものに与えられます。

学校では、社会に出て実務を行う上で必要なことを学ぶのと同時に、建築士の受験に必要で、試験にも出題されることを考慮して、基礎的でかつ幅広い分野の学習を行っています。

B 二級建築士試験・木造建築士試験

[試験科目]

試験は学科試験と設計試験の2つからなり、学科試験に合格したものが設計製図試験を受験できます。学科試験に合格した場合、同じ年の設計製図試験に不合格であった場合は、翌年・翌々年に限り学科試験が免除されます。

- **学科試験**（6時間） 5枝択一式
  - Ⅰ 建築計画　・・・・・・・・・・・・・・・25問　⎫ 3時間
  - Ⅱ 建築法規　・・・・・・・・・・・・・・・25問　⎭
  - Ⅲ 建築構造　・・・・・・・・・・・・・・・25問　⎫ 3時間
  - Ⅳ 建築施工　・・・・・・・・・・・・・・・25問　⎭

- **製図試験**（5時間）
  例年あらかじめその年の課題のテーマが6月に発表され、試験当日に具体的に課題条件が示され、5時間でA2サイズ1枚の用紙に手描きで製図しなければなりません。

7-4. 2級施工管理技士試験（建築・土木・管工事）

(1) 試験の日程

検定種目	受付期間	試験日	合格発表日	試験実施機関
建築施工管理	6月下旬～7月上旬	11月上旬	2月上旬	（財）建設業振興基金
土木施工管理	4月上旬	10月下旬	2月中旬	（財）全国建設研修センター
管工事施工管理	5月中旬	11月中旬	3月上旬	

(2) 受験資格

指定学科または指定学科以外を修業し、一定の実務経験があるもの。
（建設業法施行令第27条の5第2項等）

学歴等	受検に必要な実務経験年数		
	指定学科※		指定学科以外
	学科試験	実地試験	
大学卒業者	なし	卒業後1年以上	卒業後1年6月以上
短期大学・高等専門学校卒業者	なし	卒業後2年以上	卒業後3年以上
高等学校卒業者	なし	卒業後3年以上	卒業後4年6月以上
その他の者	8年以上		

※指定学科を修めた者は、大学、短大・高等専門学校、高等学校の卒業見込時に学科試験のみを受験することができる。

<指定学科>

検定種目	学科
建築施工管理	建築学、土木工学、都市工学、衛生工学、電気工学又は機械工学に関する学科
土木施工管理	土木工学、都市工学、衛生工学、交通工学又は建築学に関する学科
管工事施工管理	土木工学、都市工学、衛生工学、電気工学、機械工学又は建築学に関する学科

(3) 試験科目

検定種目	受検種別	試験区分	試験科目
建築施工管理	建築	学科	建築学等、施工管理法、法規
		実地	施工管理法
	躯体	学科	建築学等、躯体施工管理法、法規
		実地	躯体施工管理法
	仕上げ	学科	建築学等、仕上施工管理法、法規
		実地	仕上施工管理法
土木施工管理	土木	学科	土木工学等、施工管理法、法規
		実地	施工管理法
	鋼構造物塗装	学科	土木工学等、鋼構造物塗装施工管理法、法規
		実地	鋼構造物塗装施工管理法
	薬液注入	学科	土木工学等、薬液注入施工管理法、法規
		実地	薬液注入施工管理法
管工事施工管理		学科	機械工学等、施工管理法、法規
		実地	施工管理法